U0350901

红袋鼠物理千千问

寻找隐藏的力：
牛顿物理 ⑧

[加拿大] 克里斯·费里　著 / 绘　　那彬　译

中国少年儿童新闻出版总社
中国少年儿童出版社
北　京

作者简介 ....

　　克里斯·费里，80 后，加拿大人。毕业于加拿大名校滑铁卢大学，取得数学物理学博士学位，研究方向为量子物理专业。读书期间，克里斯就在滑铁卢大学纳米技术研究所工作，毕业后先后在美国新墨西哥大学、澳大利亚悉尼大学和悉尼科技大学任教。至今，克里斯已经发表多篇有影响力的权威学术论文，多次代表所在学校参加国际学术会议并发表演讲，是当前越来越受人关注的量子物理学领域冉冉升起的学术新星。

　　同时，克里斯还是 4 个孩子的父亲，也是一名非常成功的少儿科普作家。2015年 12 月，一张 Facebook（脸书）上的照片将克里斯·费里推向全球公众的视野。照片上，Facebook（脸书）创始人扎克伯格和妻子一起给刚出生没多久的女儿阅读克里斯·费里的一本物理绘本。这张照片共收获了全球上百万的赞，几万条留言和几万次的分享。这让克里斯·费里的书以及他自己都受到了前所未有的关注。

　　扎克伯格给女儿阅读的物理书，只是作者克里斯·费里的试水之作。2018 年，克里斯·费里开始专门为中国小朋友做物理科普。他与中国少年儿童新闻出版总社全面合作，为中国小朋友创作一套学习物理知识的绘本——"红袋鼠物理千千问"系列。

红袋鼠说:"我要是跳得太多了,脚就会疼。克里斯博士,地面为什么会伤到我的脚呢?"

克里斯博士说："你跳的时候，是你在推地面，可是地面也在推你。这就是**牛顿第三定律**所讲的道理。"

5

克里斯博士继续说："牛顿第三定律是关于力和**反作用力**的学问。"

红袋鼠问："力就是推或拉，那反作用力是什么呢？"

克里斯博士说："力总是成对出现的,有力就有相应的反作用力,但这个反作用力有时候可能是隐藏起来的。"

红袋鼠说："那我要怎么找到反作用力呢？"

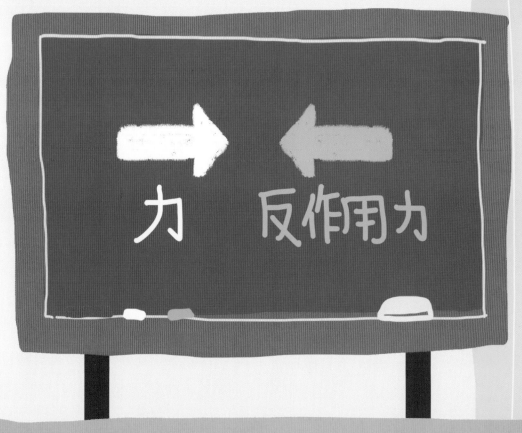

　　克里斯博士说："等我讲完你就知道怎么找了。牛顿第三定律是说，每一个力都有一个大小相等、方向相反的反作用力。"

11

红袋鼠问："方向相反？力是推或拉，也就是说反作用力总是推回来或拉出去的吗？"

克里斯博士说："没错！你能想出几个例子吗？"

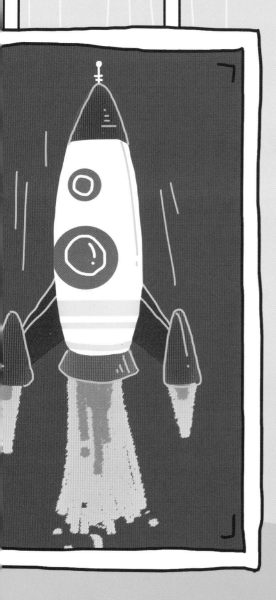

红袋鼠说：“火箭发射的时候，燃料燃烧时向下喷火，产生了向上的推力。也就是说，是反作用力把火箭推了起来！”

红袋鼠又说："就像火箭一样，我推地面，地面也推我，所以我就跳起来。"

克里斯博士说："如果你推地面的力大，地面回推你的力也大。所以你的脚就会觉得疼。"

"反作用力总是和力的大小一样、方向相反。刚刚说到，有时候反作用力是隐藏起来的。你知道为什么吗？"

红袋鼠想了想，说："这个球很小，您给它的力对于它来说，效果很明显。而反作用力是施加到您身上的力。您个头儿大，可能都感受不到这个力。"

克里斯博士说："对，反作用力其实到处都有，只不过有些很难看出效果来。同样的力，对越重、越大的物体来说，效果就越不明显。想想看，你施过力的最重、最大的物体是什么？"

24

25

"跳的时候，你在推地球，地球也在推你。"

红袋鼠高兴地说:"牛顿第三定律告诉我反作用力的知识,现在我可以用它来寻找隐藏的力了。"

版权合作方：  澳大利亚米酷传媒

图书在版编目（CIP）数据

牛顿物理. 8，寻找隐藏的力 / （加）克里斯·费里
著绘；那彬译. — 北京：中国少年儿童出版社，
2019.6
　（红袋鼠物理千千问）
　ISBN 978-7-5148-5399-5

Ⅰ. ①牛… Ⅱ. ①克… ②那… Ⅲ. ①物理学—儿童
读物 Ⅳ. ①O4 49

中国版本图书馆CIP数据核字(2019)第065884号

审读专家：高淑梅 江南大学理学院教授，中心实验室主任

HONGDAISHU　WULI QIANQIANWEN
XUNZHAO YINCANG DE LI:NIUDUN WULI 8

出 版 发 行： 中国少年儿童新闻出版总社
中国少年儿童出版社

出 版 人：孙 柱
执行出版人：张晓楠

策　　划：张　楠	审　　读：林　栋 聂　冰
责任编辑：徐懿如　郭晓博	封面设计：马　欣
美术编辑：马　欣	美术助理：杨　璇
责任印务：刘　澂	责任校对：颜　轩

社　　址：北京市朝阳区建国门外大街丙12号	邮政编码：100022
总 编 室：010-57526071	传　　真：010-57526075
客 服 部：010-57526258	
网　　址：www.ccppg.cn	电子邮箱：zbs@ccppg.com.cn
印　　刷：北京利丰雅高长城印刷有限公司	

开本：787mm×1092mm　1/20	印张：2
2019年6月北京第1版	2019年6月北京第1次印刷
字数：25千字	印数：10000册
ISBN 978-7-5148-5399-5	定价：25.00元

图书若有印装问题，请随时向本社印务部（010-57526183）退换。